AF601011

CULTURE

DE LA

CANNE A SUCRE

A L'ILE MAURICE

PAR

ÉMILE DE LA TOUR DE SAINT-YGEST

Ancien Agronome et Propriétaire de l'Établissement « l'INDUSTRIE, » à l'Ile Maurice

PARIS

IMPRIMERIE BREVETÉE DE Vve ÉDOUARD VERT

Rue Notre-Dame-de-Nazareth, 29

Edouard **JUTEAU**, représentant intéressé.

1882

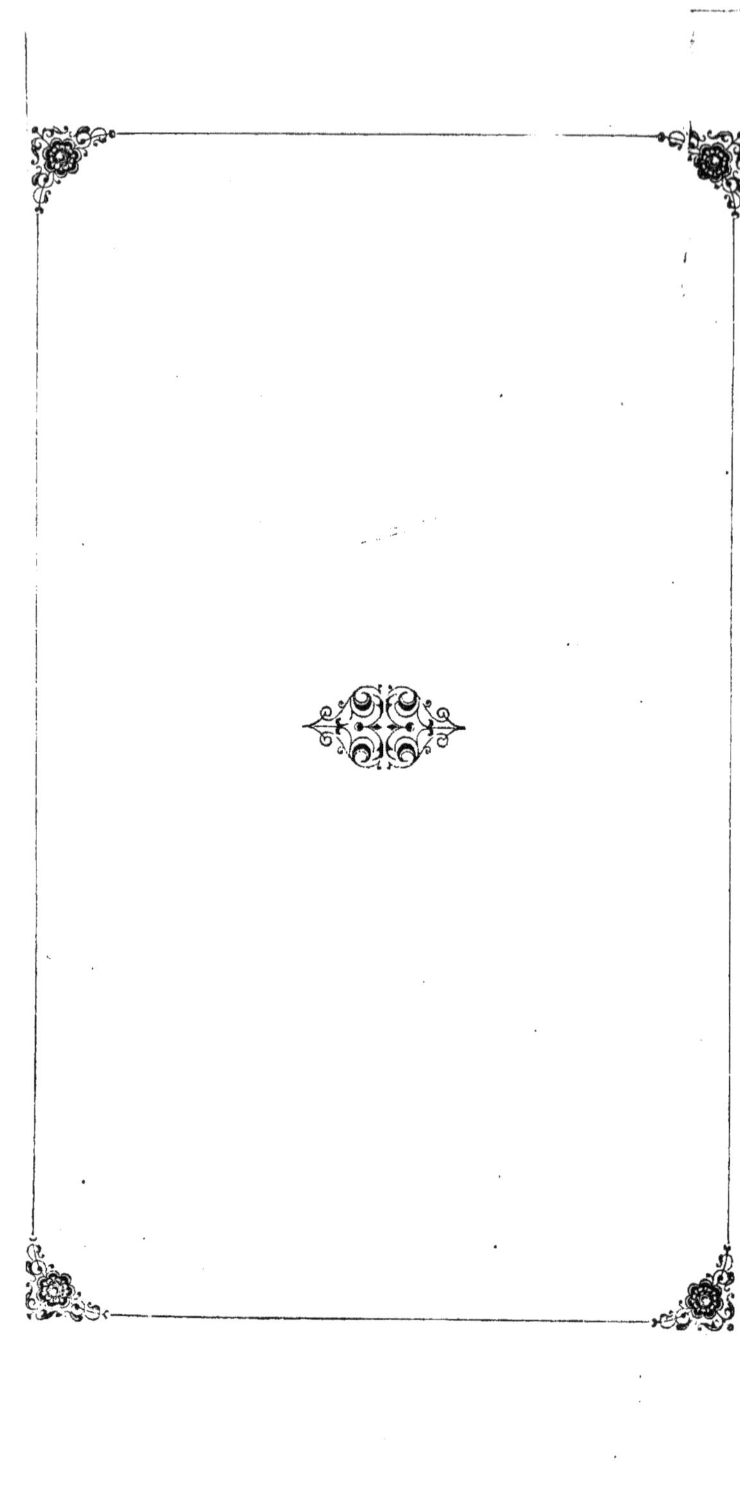

CULTURE
DE LA CANNE A SUCRE
A L'ILE MAURICE

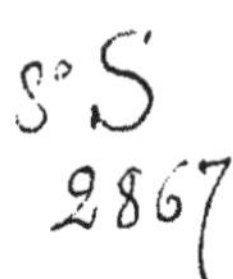

CULTURE

DE LA

CANNE A SUCRE

A L'ILE MAURICE

PAR

ÉMILE DE LA TOUR DE SAINT-YGEST

Ancien Agronome et Propriétaire de l'Établissement « l'INDUSTRIE, » à l'Ile Maurice

PARIS
IMPRIMERIE BREVETÉE DE V^VE ÉDOUARD VERT
Rue Notre-Dame-de-Nazareth, 20
Edouard JUTEAU, représentant intéressé.

—

1882

AVERTISSEMENT

Quoique cette brochure n'ait que de modestes prétentions, je confesserai pourtant, dès l'abord et sans ambages, que, étant donné le désir auquel j'ai cru devoir céder et la nature du but que j'ai voulu atteindre, je n'y ai pas travaillé sans un certain sentiment de satisfaction intime.

Ceux qui me connaissent et m'ont suivi dans ma carrière d'agronome colonial sauront approuver mon travail à sa juste valeur, et sous une apparence discrète sauront, je l'espère, démêler la sincérité des motifs qui m'ont fait agir.

Pendant de longues et laborieuses années, j'ai pratiqué, sur mes propriétés à l'Ile Maurice, sur une assez grande échelle la culture de la canne à sucre. On comprend aisément tous les soins que le monde des colonies donne à ce genre d'agriculture, quand on considère non-seulement les avantages que la fortune publique peut tirer de cette culture, mais encore si l'on tient compte de la place considérable qu'a prise l'industrie du sucre dans la société moderne.

Dans toute entreprise commerciale, il y aurait mauvaise grâce à ne placer la discussion qu'au seul point de vue des intérêts privés de l'entrepreneur. C'est justice, en pareil cas, de compter aussi avec les intérêts du consommateur. J'ajouterai même que les encouragements qu'une industrie peut trouver dans le concours de ce dernier sont, et la meilleure excuse de sa prétention, et la plus haute raison de ses développements.

Et ici, l'énorme quantité de sucre que le monde entier consomme, depuis les classes les plus riches jusqu'aux classes les moins bien partagées sous le rapport de la fortune, prouvent surabondamment en faveur de l'industrie sucrière. Et le grand économiste J.-B. Say avait toute raison d'écrire, dès 1844, que « le sucre est un assaisonnement extrêmement agréable et utile ».

Je n'insisterai pas sur le côté agréable de la consommation du sucre. Il convient seulement ici de ne pas méconnaître son utilité, le rôle qu'il tient dans l'économie et les services que l'humanité lui doit depuis que sa production, chaque jour plus active, en a rendu la consommation de plus en plus facile.

On se souvient comment les croisés en tirèrent profit quand ils le trouvèrent en abondance sur la terre d'Orient. Leur enthousiasme à célébrer ces « roseaux doux comme le miel » en dit assez sur la joie et le bien-être qu'ils en éprouvèrent. Quand la famine se mit dans leurs rangs, c'est le jus de la canne qui les sauva de la mort. D'où les efforts nombreux qui furent faits pour en tenter la transplantation et l'exploitation sur des territoires qui ne seraient plus aux mains des infidèles.

La science moderne, avec la connaissance qu'elle a prise des lois de la vie, nous a renseignés définitivement sur l'action physiologique des substances saccharinées dans le corps humain, et est venue ajouter sa haute juridiction à l'élan instinctif qui jusqu'alors avait poussé l'homme vers la consommation du sucre.

Je n'ai pas l'intention d'écrire ici l'histoire du délicieux roseau que nous cultivons aux colonies et qui est un des plus grands agents de la chaleur animale. Je voulais seulement chercher dans des faits aujourd'hui connus de tous, les raisons d'une culture qui devient chaque jour plus importante, et qu'on met au nombre des denrées les plus indispensables.

Au temps du roi Henri IV de France, la rareté du sucre était telle qu'on n'en trouvait que chez les apothicaires. Encore le vendait-on par petite quantité, à l'once.

Aujourd'hui l'usage en est tellement répandu, qu'un économiste anglais, lord Russel, a pu dire du sucre qu'il était le luxe du pauvre : « *the poor man's luxury.* »

Aussi bien ne faut-il pas s'étonner quand on voit l'essor considérable que l'industrie sucrière a pris de toutes parts, et dans les usines d'Europe et sous les climats tropicaux des colonies.

A Maurice, par exemple, la culture de la canne à sucre est devenue si importante qu'elle a envahi le sol tout entier de l'île, en a absorbé toutes les forces productives en appelant à elle tous les efforts des colons et tous les bras des travailleurs, laissant aux soins de l'importation ou de la petite industrie des Indiens immigrés toutes les autres récoltes, comme celle des épices et des autres produits d'alimentation courante, qu'il semble désormais plus avantageux de faire venir d'Europe, des Indes ou de Madagascar.

Dans cette branche d'agriculture, qui est devenue le plus haut terme de notre production mauricienne, et que nos voisions de la Réunion ne pratiquent pas avec une assiduité moins grande, j'ai tenu, durant la durée de ma vie militante, une place qui m'a permis d'être compté au nombre des agriculteurs les plus actifs et les plus vigilants.

Pénétré du soin qu'avaient dû dépenser à la même place ceux qui m'avaient précédé, je commençai par prendre connaissance du passé, décidé à mettre à profit dans la mesure de mes forces, l'intelligence et l'expérience de ceux qui tenaient le haut de l'agriculture coloniale à l'époque où j'entrai dans la carrière.

Mais chaque jour apportait ses besoins nouveaux, et

devant les appels répétés d'une civilisation extérieure toujours croissante, je m'efforçai de suivre les progrès qui s'opéraient autour de moi. Ainsi qu'il arrive toujours quand on se met à l'œuvre pour son propre compte, j'appris bien vite, en face de la pratique, ce que valait la théorie. Et à mesure que j'avançais en expérience, je comprenais que les maîtres d'hier n'avaient pas dit le dernier mot sur la matière.

La culture de la canne, telle que je l'avais trouvée m'apparut pleine de lacunes qu'il me sembla aisé de combler. Il fallait des retouches nombreuses à la tradition. Et j'avoue qu'en présence des améliorations dont j'entrevoyais l'heureuse mise en œuvre, je n'hésitai pas à tenter des modifications, — je n'ose pas dire des réformes — que la pratique quotidienne du champ et l'observation du climat rendaient indispensables à mes yeux.

Ces réformes je les ai entreprises selon ma conviction; je les ai tentées à mes risques et périls, souvent même contre le gré de ceux qui m'entouraient et en dépit de l'opposition que l'innovateur ne manque jamais de rencontrer autour de lui, si bienveillants que soient ses compagnons.

Pénétré néanmoins des devoirs que l'agriculteur doit à la terre qui lui est confiée ou qui lui appartient, je ne laissai jamais d'agir qu'avec prudence. Pour mes épreuves, je séparais du reste de ma propriété un coin de terre; et c'est là qu'avec toute la mesure qui s'impose en pareille circonstance, selon toutes les lois théoriques et pratiques qui me paraissaient les plus conformes au terme cherché, c'est là, dis-je, que je risquais mes expériences.

Bien m'en avait pris de me montrer ainsi persévérant, car s'il arriva souvent que la lutte fut pénible, l'entreprise aventureuse, il se passa rarement une année où le succès ne vînt m'apporter sa consolation et la fortune ses encouragements. Ceux qui m'ont suivi dans mes tentatives, et qui me soupçonnaient parfois d'avoir placé mon bien et mes soins à fonds perdus sur l'inconnu du lendemain, redoutant pour moi et les miens les dangers de mes essais, ne sauraient ici me contredire. C'est pourquoi, en présence de leurs encouragements, conséquence nécessaire de mes succès, je n'hésite pas à déclarer que j'ai fait acte de bienfaisance et de fermeté en réussissant à perfectionner sur mes propriétés la culture du roseau indien.

Le lecteur sait maintenant de quoi il sera question dans les pages qui vont suivre. C'est précisément de ces efforts tentés par moi dans une voie nouvelle, de ces améliorations apportées dans la culture de la canne à sucre, par mon expérience de tous les jours et mon assiduité à surveiller les progrès de l'agriculture coloniale, que je vais l'entretenir dans cette brochure.

On m'excusera si je fais ainsi tout au long œuvre personnelle. Mais j'estime qu'un homme de connaissances spéciales, après une carrière consacrée aux travaux de la culture d'un certain sol, doit à ses contemporains occupés des mêmes résultats, un compte exact de ses efforts propres, de ses recherches, de ses conquêtes sur la nature, surtout lorsque ces efforts, ces recherches, ces conquêtes sont destinées à s'étendre l'individu qui les a accomplis à une masse d'individus appelés à suivre la même voie et à profiter dans une même mesure des expériences qui les auront précédés.

Etant donnée la vie intime et familiale que nous menons aux colonies, sous le soleil des tropiques, dans l'abandon amical d'une chaleur qui nécessite une vie toute extérieure, et soumis aux dangers terribles qui sont le propre de la situation géographique de l'île Maurice, cette intention n'a rien d'exagéré et ne peut paraître outrecuidante à quiconque aura vécu de notre vie coloniale.

D'autant qu'en cherchant à faire bénéficier ceux qui me succéderont sur le terrain de l'agronomie sucrière, je ne fais que concéder à une loi sociale. Quiconque a eu l'heureuse fortune d'ajouter quelques améliorations à la spécialité qu'il a pratiquée, doit, à ceux que la question intéresse, un procès-verbal de ses efforts.

Intronisée comme elle est désormais dans l'économie des peuples, la question du sucre pourrait être traitée avec des développements considérables. L'on nous demandera peut-être pourquoi j'ai cru devoir négliger tous les autres côtés de ce problème d'industrie, désormais si important dans le cours des transactions commerciale, pour m'en tenir spécialement à la culture de la canne.

A cette objection il est aisé de répondre. C'est à dessein que je n'ai pas voulu entreprendre un traité complet. Trop d'écrivains d'une haute compétence ont travaillé à cette tâche de longue haleine, et sur des données trop récentes, pour qu'il soit en ce moment loisible d'ajouter à leurs connaissances. Habitant des colonies où la culture de la canne seule nous préoccupe, je n'aurai pas à avancer mes opinions personnelles sur l'économie générale des sucres en Europe, où l'extraction du sucre de la betterave est venue, depuis 1747, augmenter la production sucrière du globe et en faciliter la consommation sans diminuer en rien la valeur de nos sucres des colonies. D'autre part, ayant consacré le meilleur de mon existence à la culture du roseau tout autant qu'à la préparation de son essence, et devant tous mes succès aux modifications que j'avais introduites en tant qu'agronome surtout préoccupé de la production du sol, j'ai cru devoir négliger les grands principes économiques qui relient si étroitement l'industrie sucrière à la question si complexe des impôts, des primes d'exportation, de confédération sucrière, de négociations internationales, du rôle de la raffinerie dans la production et le commerce, en un mot, toutes les parties de la discussion touchant la solution finale de la question sucrière.

D'ailleurs, je n'ai eu d'autre intention que d'exposer ici, aussi simplement que possible, les résultats de mes expériences. Si les explications que je vais développer peuvent jamais servir d'exemple à quelques-uns de mes amis qui sont restés à l'île Maurice pour poursuivre des travaux que j'ai dû délaisser pour prendre, après un long travail, quelques années de repos, je souhaite qu'on ne voie pas dans ce petit livre autre chose qu'un Manuel du cultivateur de la canne à sucre sous les climats de l'Archipel des Mascaraignes, manuel écrit surtout en vue des soins à apporter à la plantation de la canne, à la manière de la préserver des dangers qui la menacent dans ces régions, enfin à son heureuse récolte.

Je souhaite encore que ceux de mes compatriotes qui liront ces pages y retrouvent la trace des efforts que nous avons faits ensemble pour assurer la prospérité de notre île avec toute la sincérité et la persévérance qui nous ont valu quelques heures de joie et de sérénité au sein de nos travaux ardus. Travaux souvent plus pénibles que ne sont disposés à le croire ceux qui ignorent la vie active des colons, et s'en tiennent, pour nous juger, aux récits incomplets de ceux qui n'ont gardé de la vie créole que le souvenir des moments de repos, et traduisent notre existance par ce grand mot à la fois lourd et long de *nonchalance.*

Ceci dit sans futile vanité et sans jactance, uniquement pour me conformer au désir de ceux qui m'ont demandé ce travail, m'ont toujours suivi, dans la vie active, de leurs vœux, m'entourant à la fois de leur estime, de leur amitié et de leurs encouragements de tous les instants.

C'est à eux que j'offre cet opuscule, en souvenir des jours laborieux coulés ensemble sous le climat ardent de nos tropiques, aussi de nos heures d'angoisses aux jours sombres des cyclones qui menacent si souvent nos récoltes.

En terminant, j'exprime le désir que ceux qui nous succéderont dans le chemin que nous avons retracé après nos pères, sur cette terre de l'Ile-de-France, terre bienfaisante en somme, malgré ses accès de mauvaise humeur et d'inclémence, sauront comme nous travailler sans relâche à la prospérité de notre terre natale et ajouter leurs efforts aux nôtres, comme nous avons su adjoindre nos travaux aux efforts de nos prédécesseurs, en souvenir de l'ancienne patrie, dont l'image est toujours vivante parmi nous et vibre au fond de tous les cœurs, comme elle vibrait aux jours lointains où nos pères sont venus demander asile au beau pays d'Ile-de-France.

I

LES CANNES VIERGES

I

PLANTATION DES CANNES VIERGES

J'ai dit dans mon *Avertissement* qu'à l'époque où je fus appelé à m'occuper d'agriculture à l'Ile Maurice, les planteurs étaient loin d'avoir à leur service des moyens de production et de culture suffisants.

Certes on peut affirmer, sans intention malveillante à l'égard de ces premiers cultivateurs, et sans paraître amoindrir de parti-pris leurs mérites ou leurs connaissances agronomiques, qu'ils n'étaient pas encore en mesure de tirer du précieux roseau naturalisé chez eux, toutes les sources de revenu qu'on peut lui demander aujourd'hui grâce aux perfectionnements de la science et au concours d'une expérience plus longue.

J'étais encore fort jeune quand les circonstances firent de moi un cultivateur à l'Ile Maurice, où mon

2

grand-père possédait, en 1830, le magnifique domaine, érigé depuis en sucrerie et connu sous le nom d'*Eugénie* et aujourd'hui appelé *Victoria*, appartenant à d'honorables planteurs, MM. Desvaux.

Dès cette époque, je pus suivre de très près les travaux et les expériences qui se faisaient dans cette plantation, où déjà on était très préoccupé de changer le mode de cultiver la canne pour la rendre plus rémunératrice. Les résultats de ces études, poursuivies par nous si activement, devaient aboutir longtemps après, et faire de la culture de la canne la plus grande source de revenu des habitants de l'Ile.

Déjà persuadé que l'agriculture prospère quand les champs sont cultivés par leurs propriétaires, je compris vite qu'il importait au succès de toute espèce d'entreprise agricole que ce propriétaire fût lui-même fort d'une éducation aussi parfaite que possible.

L'évènement devait me prouver qu'il y avait beaucoup à apprendre, après les essais des premiers planteurs, car il fallut vingt ans d'assiduité, d'expériences renouvelées et de dépenses incessantes, pour que la culture de la canne arrivât à donner des produits sérieux et capables de couvrir les frais considérables d'une exploitation agricole dans ces conditions et dans ces pays.

Après ce long laps de temps, qui eût usé la patience de gens moins déterminés que nous ne l'étions, les cultivateurs purent croire qu'ils avaient enfin découvert un mode de culture supérieur à celui qu'ils avaient trouvé.

Les années avaient été dures, les expériences coûteuses, mais enfin les résultats étaient surprenants. La canne rendait jusqu'à dix et douze pour cent.

Comment avions-nous fait ? Quels procédés avions-nous imaginés ? Et comment, au lieu de nous ruiner, ainsi qu'il n'arrivait que trop souvent auparavant, étions-nous parvenus à tirer du sol de l'île des revenus fonciers qui pouvaient nous mener à la fortune, et du même coup donner à l'industrie sucrière des colonies un essor qu'on ne lui connaissait pas encore ?

Placé parmi les vaillants lutteurs qui ne reculèrent devant aucun sacrifice pour atteindre ce résultat, je me crois autorisé à présenter ici les explications qui satisferont, je l'espère, ceux que cette question intéresse.

Je le ferai sans prétention, avec la méthode qui m'a servi dans la pratique, laissant à de plus savants le soin d'entrer dans des considérations qui, pour paraître plus techniques peut-être, n'en sauraient demeurer plus utiles.

Un mot sur la situatio ngéographique de l'Ile Maurice,

la vieille Cerné des Portugais, et sur sa constitution géologique nous sera d'un puissant secours dans notre exposé et ne pourra que confirmer la nature même des expériences inaugurées.

Le sol de l'Ile Maurice est très élevé. De nombreux vestiges de cratères dénoncent très clairement une origine volcanique, opinion que vient corroborer la couche primitive du sol en basalte solide et de lave poreuse. Les montagnes, dont les flancs sont brûlés du contact ardent des flots de lave, sont couvertes de forêts, hélas ! en grande partie détruites, et de ces versants, qui commencent à souffrir de la calvitie du déboisement, descendent de nombreux cours d'eau que les masses de bois n'empêchent plus assez de se transformer en torrents.

Et malgré la situation voisine du tropique, le climat reste tempéré.

Sous la teinte rouge de leur terrain, les vallées et les plaines sont d'une fertilité très grande et qui seconde à souhait les efforts des cultivateurs.

Comment cette terre rocailleuse s'accommode-t-elle des lois de l'agriculture et comment, pour arriver à produire en abondance un roseau qui n'est pas le produit de sa constitution, sait-elle subir la volonté humaine ?

La préparation du sol peut se diviser en deux périodes :

La première consiste à ouvrir la terre pour lui faire recevoir le plan, de cannes. Nous étudierons la seconde période, celle des engrais, en ses lieu et place.

Pour préparer le sol à recevoir le plan de canne, pour le fertiliser, l'emploi de la charrue, qui déchire le sol en le retournant et rend de si vaillants services à l'agriculteur européen, n'est pas partout chez nous d'un usage commode. L'inclinaison du terrain, ses accidents nombreux et la mince couche de terre arable qui recouvre le dessous rocailleux et basaltique dont nous avons parlé plus haut, rendent l'usage du soc de la charrue presque impossible. Et il faut y suppléer à force de bras humains, à grands coups de ces pioches dont les Indiens se servent avec une dextérité si parfaite.

Le champ qu'on veut planter est-il encombré d'herbes ou couvert d'arbrisseaux, le premier soin doit être employé à les arracher ou à les brûler, avant de préparer les mortaises où le plant sera couché horizontalement. En même temps on ne négligera pas de recommander aux travailleurs de placer ce plan de telle façon que ses yeux se trouvent à droite et à gauche du fossé.

Auparavant on aura eu soin de laisser les têtes de cannes germer, en les entassant en pyramides pour la durée de huit ou dix jours, pour attendre le moment où les nœuds et les racines commencent à sortir.

Si le travail de la plantation s'accomplit durant la saison des grandes chaleurs, c'est-à-dire en été, dans la pleine ardeur du soleil, il sera bon d'empailler le fossé à l'aide d'herbes sèches. C'est un excellent moyen de conserver l'humidité nécessaire à la fermentation du plant.

Ce premier travail terminé, on n'y touchera pas avant un mois plein, époque à laquelle les premières pousses ont fait leur apparition.

La distance à laisser entre chaque ligne de fossés ne devra pas être moindre de quatre pieds et quart, dans les terres déjà fatiguées par plusieurs plantations de cannes.

Dans les terres assolées ou vierges, il y aurait inconvénient à faire cet espace inférieur à quatre pieds trois quarts, afin de ne pas intercepter le passage de l'air au moment où la plante aura complètement couvert le sol.

Aux premières grandes pluies, on dégarnira les mortaises en enlevant la terre qui recouvre le fossé, exposant ainsi le milieu de la tête aux premiers rayons du soleil.

Cette méthode, que j'ai préconisée un des premiers, a

été généralement adoptée par les colons de nos Iles, à Maurice comme à la Réunion.

Depuis, les planteurs restèrent convaincus, par les résultats que j'avais obtenus sous leurs yeux, qu'il n'y avait nullement à craindre de voir les premiers jets détruits par l'ardeur du soleil.

Et ici on ne doit pas perdre de vue que la canne, tant qu'elle est petite, est une plante extrêmement délicate, qui demande une culture soignée et appelle une attention de tous les instants.

Quelques jours après qu'on a débouché les mortaises, on commence un nettoyage complet du champ.

La canne étant la plantation qui absorbe la plus grande somme des éléments nutritifs du sol, l'agriculteur commettrait une grande faute s'il laissait le terrain en culture couvert d'herbes nuisibles, de plantes parasites, surtout pendant la première période de la pousse.

S'il arrivait que l'agriculteur crût pouvoir négliger ce soin, je ne doute pas qu'il eût bientôt à s'en repentir en voyant jaunir les feuilles de son plant de canne et la jeune pousse s'étioler.

Nous avons eu l'occasion de voir, plus haut, que la

seconde phase de la préparation de la terre est celle qui a trait à l'application des engrais.

Dans un paragraphe spécial, je me propose de revenir sur la nature des engrais à employer.

Actuellement, qu'il nous suffise d'étudier à quel âge de la plante il peut paraître préférable de recourir à ce moyen artificiel de nourrir la terre.

Pour mon compte, je suis persuadé, en tant que praticien, que le succès de l'emploi des engrais dépend beaucoup de l'opportunité de leur application.

C'est là une circonstance de mise en œuvre que le cultivateur se repentirait d'avoir négligée.

Si le guano du Pérou, employé aux colonies comme un des meilleurs engrais connus, à cause de la quantité d'ammoniaque qu'il contient, n'est pas appliqué à temps, le résultat qu'on obtiendra au moment de la coupe diminuera de beaucoup le rendement.

Le cultivateur doit avant tout s'inquiéter du moment le plus favorable à cette opération.

Sur ce point, j'ai préconisé une méthode qui ne m'a valu que des succès et dont tous ceux qui l'ont imitée ne m'ont apporté que des louanges.

Pour les cannes plantées en grande saison, c'est-à-dire en janvier et février, mois de nos grandes pluies et de nos plus hautes chaleurs, l'application du guano se fera de février à la fin de mars.

Auparavant, le cultivateur aura eu soin de s'enquérir et de s'assurer que les petites cannes sont déjà assez fortes pour n'être pas étouffées sous les terres qu'on rapportera afin de couvrir le guano.

De plus, si les premiers jets, qui vont former les grandes souches, commencent à produire de nouveaux petits jets, c'est le moment le plus favorable au fumage.

En observant ces conditions, on peut être certain qu'on aura toujours beaucoup plus de cannes aux trous, et que leur rendement sera magnifique.

Comme il ne faut jamais laisser les parasites épuiser à leur profit le suc du sol, ni étouffer par leur nombre les petites cannes, toujours si délicates et si chétives, on reprendra l'opération des nettoyages aussi souvent qu'elle sera indiquée.

Ensuite, dès qu'on aura remarqué que la terre du milieu du fossé commence à durcir, il sera urgent d'exiger des laboureurs qu'ils la remuent et la raniment.

Il est indispensable que cette terre reste meuble et souple jusqu'au moment où la jeune plante aura recouvert le sol.

Ceci pour la culture des cannes vierges.

Maintenant, comme des souches de cette canne partent des rejetons qui fournissent de nouvelles récoltes, et dans les bons terrains peuvent donner jusqu'à trois coupes successives, arrivons à la culture spéciale de ces repousses.

II

CULTURE DES REPOUSSES

II

CULTURE DES REPOUSSES

Les repousses qui vont nous occuper ici sont celles dites premières repousses.

Cette culture, très différente de celle des cannes vierges qui vient de faire l'objet de notre premier chapitre, doit attirer tout particulièrement l'attention des cultivateurs.

Et je vois à cela des raisons aussi nombreuses qu'importantes.

Sur un grand nombre des propriétés de l'Ile Maurice ou de la Réunion, la seconde pousse, ou première repousse, donne des résultats de beaucoup supérieurs à ceux obtenus à la première récolte.

D'abord, les dépenses qu'occasionne cette seconde pousse étant très inférieures à celles qu'exige une première plantation, on aperçoit déjà un sérieux objet de bénéfice.

D'où on conçoit sans peine les soins que l'agronome apportera à cette nouvelle récolte, celle-ci devant en grande partie le dégrever des frais imposés par la plantation vierge de la récolte précédente.

Pour mon compte personnel, j'ai toujours eu recours à un mode de culture dont les avantages me seront une excuse pour l'exposition que je veux faire ici ; et, à cause de l'importance qu'elle occupe, je tiens à l'expliquer avec tout le soin qu'elle semble mériter.

On commence par renouveler les souches. Et voici comment j'estime que l'agriculteur doit procéder pour accomplir cette première opération.

Le travailleur, muni de pics en pioches, fouillera tout autour de la souche ; il coupera ainsi les racines anciennes dans le but de les faire remplacer par des nouvelles

Au premier nettoyage des premières repousses, on recommandera aux laboureurs d'enfoncer les pioches dans l'intervalle des lignes, afin de rendre le sol plus meuble. Le travail, ainsi pratiqué, active la végétation et permet à la plante de couvrir le sol très vite ; circonstance on ne peut plus favorable pour entretenir l'humidité si utile au développement de la canne.

Une fois cette opération faite, on laisse les souches exposées au soleil pendant quatre ou cinq jours, avant d'appliquer le guano, qu'on aura soin de recouvrir à son tour de fumier d'étable ou de cendres de bagasse.

Sur cette double couche d'engrais, on rapporte une troisième couche, cette dernière de terre végétale, en ne négligeant pas, dans les terrains accidentés ou fortement inclinés, de placer le guano du côté de la souche.

De telle sorte que dans les saisons de fortes pluies, la souche servant elle-même de barrage, les eaux ne pourront rien entraîner dans leur course descendante.

A chaque nouveau nettoyage, si l'on constate que les racines ont cessé d'être recouvertes, on rapportera peu de terre. Toutefois, on évitera, dans cette dernière opération, de procéder en trop grande abondance, pour se réserver le droit de reprendre la même opération au moment d'une troisième pousse.

Lorsque le champ est très accidenté, c'est-à-dire lorsqu'on observe de nombreuses lacunes, je conseille aux agriculteurs de refaire de nouvelles plantations.

A Maurice, dans les terres franches, il n'arrive pas toujours que les troisièmes pousses peuvent subvenir aux dépenses qu'elles ont occasionnées.

Aussi, sur beaucoup de propriétés, dites à terres franches, néglige-t-on de les cultiver.

III

DU DÉPAILLAGE

III

DU DÉPAILLAGE

L'opération du dépaillage comme je l'ai toujours comprise est une de mes pratiques qui ait rencontré le plus d'opposition.

Ils sont nombreux les planteurs qui ne partagent pas ma manière de voir touchant l'époque à laquelle il faut débarrasser les cannes de toute enveloppe, pour les livrer toutes nues aux rayons du soleil.

Je crois à la nécessité de dépailler les cannes quinze jours avant la coupe.

Dans les régions humides de l'île, l'opération est, selon moi, nécessaire, indispensable.

Le roseau, ainsi exposé à l'ardeur vive du soleil,

mûrit plus franchement, plus facilement. Et le vesou devenant plus dense, le rendement est meilleur.

Cet avantage n'est pas le seul que j'aie constaté à agir de la sorte. L'évaporation est moindre par ce procédé ; si bien qu'à la première cuisson on arrive à pouvoir réaliser une grande économie dans les frais du chauffage pour réduire le jus de la canne en sirop.

D'autre part, le dépaillage pratiqué comme je recommande de le faire facilite singulièrement la besogne du coupeur.

Dans un champ dépaillé, quinze hommes suffisent à abattre le nombre de cannes que vingt hommes ont peine à couper dans le champ où l'agriculteur a refusé de recourir à ce procédé de dépaillage.

C'est à tort que beaucoup de planteurs affirment que le roseau est exposé à se dessécher bientôt, dès qu'on l'a dépouillé des feuilles sèches qui l'enveloppaient.

Je m'appuie sur une pratique de quinze années et autant de succès pour déclarer que l'accident signalé n'est jamais à craindre sur les propriétés *humides*, à la condition, toutefois, que la canne étant dépaillée, on ne viendra pas l'abattre dans un délai plus long que celui que j'ai toujours recommandé.

Un intervalle de quinze jours entre le dépaillage et la coupe est celui que j'ai toujours préconisé, et je crois qu'il y aurait danger à l'outrepasser.

Le système du dépaillage que je recommande me paraît devoir être toujours pratiqué avec avantage, surtout sur les propriétés qui sont gratifiées d'une heureuse et fécondante humidité.

Quelque différente qu'ait été la manière de voir de mes collègues à ce propos, je puis aujourd'hui avoir la satisfaction d'écrire que le système que j'ai préconisé est adopté sur beaucoup de propriétés, et que tous ceux qui le pratiquent quinze jours avant la récolte obtiennent un meilleur rendement.

IV

LES ENGRAIS

IV

LES ENGRAIS

Le dépaillage devant être fait, à mon avis, dans la dernière quinzaine qui précède la récolte, nous pourrions, dès maintenant, étudier ensemble les meilleurs conditions pour arriver à une bonne récolte.

Mais personne de ceux qui ont suivi de près les développements de la canne à sucre dans nos colonies n'ignore avec quelle puissance et quelle activité le roseau précieux en épuise les principes nutritifs.

Il est donc tout naturel qu'avant de parler de la coupe, qui est le couronnement des travaux du cultivateur, je m'arrête un instant sur la question des engrais, dont l'importance n'échappe à personne.

L'emploi de ces substances fécondantes devant varier

suivant le végétal cultivé, et aussi suivant les lieux où on l'applique, on trouvera bon que je m'en tienne de préférence à la nature et à l'usage spécial que nous sommes appelés à en faire sur nos terres coloniales.

La question des engrais étudiée au point de vue scientifique fait depuis de longues années l'objet des soins les plus attentifs dans le monde des économistes et des savants. Depuis Boussingault, Saussure, de Jussieu, Liebig, jusqu'aux récents travaux de M. Georges Ville, cette étude de la thérapeutique du sol à l'aide de la chimie a tenu en haleine les esprits les plus distingués.

Les matières inorganiques comme l'eau, l'acide carbonique, l'ammoniaque, la potasse, la chaux, la soude, la magnésie, le fer, ont toutes été reconnues indispensables à l'alimentation du sol, à sa reconstitution, au rétablissement de sa fécondité.

On ne doute plus aujourd'hui qu'un engrais déposé à la surface d'une terre arable doive augmenter ou rétablir sa fécondité, en la pourvoyant de matières inorganiques ou minérales qui sont indispensables à la végétation.

Et on doit même affirmer que c'est en modifiant les conditions primitives du sol à l'aide d'engrais qu'on arrive à des productions satisfaisantes.

Qu'une riche récolte fatigue le sol, l'épuise, c'est là un lieu commun sur lequel il serait superflu d'insister, si les conditions mêmes de la culture de la canne à sucre dans nos régions tropicales n'en faisaient pour nous un axiome de première importance.

Aussi bien est-ce surtout quand il s'agit de notre culture spéciale, qu'on peut dire de l'engrais qu'il est le quinquina du sol. Les services qu'il rend à nos terrains fatigués par le roseau indien sont en tous points comparables à ceux que l'écorce péruvienne rend au corps humain.

Car étant donnée l'étonnante richesse de nos roseaux à sucre, richesse qu'ils doivent en grande partie à l'âpreté avec laquelle ils ont puisé dans notre sol, il faut admettre qu'il ne saurait y avoir de terre plus anémiée que celle dont ces vastes plants de cannes, qui sont l'orgueil de nos planteurs, ont sucé tous les principes de vie.

Est-ce à dire que la fertilité de nos terres ne soit pas à la hauteur de leur mission, et soit incapable de résister au puissant développement de la canne ?

A condamner la vigueur de notre sol par les soins que l'agriculteur doit employer à la régénérer, il y aurait une mauvaise foi évidente. Il importe seulement de ne pas méconnaître ce principe; notre sol donnant beaucoup, engendrant avec une rapidité prodigieuse des productions dont la richesse a fait de tous temps l'admiration et l'étonnement, il n'y a rien de surprenant à ce qu'on ne néglige aucun moyen de la raviver le plus promptement et le plus sûrement possible.

D'ailleurs, dans nos îles de l'Océan Indien, à Maurice comme à la Réunion, il est très aisé d'établir le bilan de la valeur intrinsèque de nos terres.

Selon qu'elles sont franches ou rocheusee, elles ont plus ou moins de valeur foncière. Notre propriété rurale repose sur cette distinction.

Deux raisons essentielles de culture et de végétation contribuent à donner à nos terrains pierreux une valeur inférieure à celle des terres dites franches.

D'une part, dans ces terrains à fond rocheux le travail étant plus difficile que dans les terres plus arables, on conçoit sans peine que la main d'œuvre y soit plus coûteuse.

D'autre part, la situation géographique même de ces terres pierreuses cause un grave préjudice. Placé sur le littoral de l'île, où les pluies sont beaucoup plus rares qu'à l'intérieur, elles sont insuffisament arrosées.

Au contraire les montagnes de l'intérieur qui avoisinent nos vallées où se trouvent nos terres franches, attirent les nuages à elles et y conservent ainsi une humidité fécondante.

D'où l'on conclut sans peine que nos terres franches prendront encore plus tard une grande valeur.

Toutefois il importe de remarquer, avec ceux qui ont suivi de près notre agriculture spéciale, que si les terres rocheuses offrent à l'acheteur de nombreux inconvénients et lui promettent moins de revenus qu'au propriétaire de terres franches, le sucre que donnent les cannes sur les terres rocheuses, pris à l'état brut, est presque toujours d'une qualité supérieure.

C'est là une avantage très relatif assurément, car il perd beaucoup de son importance depuis que les machines qui nous viennent d'Europe sont plus perfectionnées. Et c'est ainsi que les capitalistes sont toujours bien plus disposés à aider de leurs deniers les propriétés sises en terres franches, car, tout bien examiné, une juste part faites des avantages réciproques, il est désormais prouvé que ces dernières sont en état de produire toujours à meilleur compte.

Pour obtenir cette production depuis le temps que les terres de l'Ile Maurice sont occupées à fournir un sucre qui tient encore la première place sur les marchés de l'univers, il serait inadmissible que le sol ne se fût pas fatigué et ne nécessitât pas, pour conserver ses vertus natives, des soins particuliers de la part de l'agronome.

A cette nécessité il a été facile de répondre, grâce aux engrais mis entre nos mains.

De tous les engrais usités généralement, quels sont ceux qui conviennent le mieux à notre genre d'agriculture ?

A mon avis, le guano du Pérou est le meilleur des condiments qu'on puisse faire servir à l'alimentation de nos terres.

Et en ceci je crois qu'on peut s'en tenir à la formule donnée par l'illustre de Jussieu : « Tout terrain, quel qu'il soit, peut être fertilisé par le guano. »

Les espèces de guano sont nombreuses, et la liste en est longue. C'est le guano d'Angamos, du Pérou, de Bolivie, le guano d'Afrique, des Antilles, de Maracaïbo, de Patagonie, etc...., puis un guano artificiel employé depuis quelques années, mais pour l'emploi duquel on ne saurait trop recommander la prudence.

Depuis 1841, époque à laquelle l'analyse chimique nous fit définitivement connaître sa constitution, cet engrais se recommande par la quantité de ses éléments azotés, phosphatés et ammoniacaux.

On sait que ces parties ammoniacales, qui sont aisément solubles dans l'eau, peuvent être soustraites de l'engrais par l'action des pluies. C'est le cas du guano des Antilles, qui est un type de guano lavé par les pluies si abondantes dans ces parages.

Encore qu'un bon nombre d'agronomes coloniaux se soient élevés contre l'usage du guano, et aient prétendu que les cannes fumées par ce moyen rendent un sucre peu nerveux, pâteux et chargé d'une forte proportion de mélasse, je reste convaincu de la supériorité du guano du Pérou.

J'ai eu trop souvent à me louer de ses propriétés fertilisantes et réchauffantes pour parler autrement, et ne pas déclarer ici, en toutes franchises, qu'aucun engrais n'est plus apte à activer la végétation dans nos terres, relativement froides, si l'on tient compte du dessous basaltique qui les supporte.

Avant l'importation du guano dans nos îles de l'Océan Indien, la production du sucre était tombée on ne peut plus bas, surtout sur les propriétés à terres froides, dites franches. Le chiffre des affaires était aussi minime que possible, et l'arrivée de cet auxilliaire fut d'un puissant secours pour l'activité des planteurs et un vaillant régénérateur de la fortune publique.

Malheureusement, depuis quelques années, le guano du Pérou que nous recevons est loin de valoir celui des premiers temps. Je sais bien que l'usage de cet engrais est devenu tellement universel, qu'on se demande comment les îles à guano, malgré leur nombre et leur épaisseur, peuvent suffire aux besoins d'une aussi vaste exportation.

C'est là une vérité qu'il faut confesser à regret, mais dans les conditions ou le guano nous arrive actuellement, nous sommes forcés d'en employer des quantités beaucoup plus considérables sans obtenir des résultats supérieurs.

Est-ce que notre sol aurait besoin d'un repos prolongé ou bien plus simplement faut-il penser que l'engrais qu'on nous expédie est d'une espèce inférieure!

J'aime mieux m'en tenir à cette dernière solution,

surtout si je considère, avec la plupart de mes compatriotes, que nous ne sommes pas seuls à souffrir de cette dégénérescence d'un engrais qui est le meilleur de tous.

C'est pour remédier à ce grave inconvénient que depuis quelques années, à l'Ile Maurice, on s'est mis à retravailler tous les guanos débarqués, et on ne les emploie presque plus que recouverts des engrais de nos étables. C'était le seul moyen de revenir aux anciens jours de belle et puissante végétation. Les dépenses nécessitées par là, le prix et la main d'œuvre qui deviennent plus cher, ont augmenté d'environ quinze pour cent le prix de revient de nos *sucres*.

Comme cette nouvelle opération est entrée dans la pratique courante de notre industrie coloniale et fait désormais corps avec elle, des colons ont imaginé de créer des établissements où sont fabriqués ces nouveaux engrais de déjections animales dits engrais coloniaux.

Jusqu'ici on n'a eu qu'à se louer des résultats obtenus, et les compagnies qui ont pris l'initiative de cette préparation ont vu leurs actions faire prime.

Beaucoup de nos planteurs emploient cet engrais colonial avec un grand succès, surtout quand ils sont propriétaires de terres rocheuses, où généralement les terres sont plus fortes.

Pour ma part, j'ai souvent obtenu ainsi de beaux produits, spécialement parmi les plantations faites en *petite saison*.

A cet effet, j'avais toujours soin de déposer quatre ou cinq onces de cet engrais mauricien au fond de la mortaise avant d'y placer mon plant de cannes.

J'activais ainsi la pousse des premiers jets, et leur donnais assez de force pour qu'ils puissent, en janvier et février, profiter des grandes pluies et des grandes chaleurs qui les accompagnent.

Les conditions premières de la canne à sucre étant ainsi examinées, depuis la préparation de la terre pour la culture des cannes vierges, jusqu'à la nature des engrais à employer, arrivons à l'opération de la récolte de ces cannes que nous venons de mettre en état de mûrir par le dépaillage et de prospérer par nos soins donnés au terrain qui les produit.

V

LA RÉCOLTE

V

LA RÉCOLTE

Les cannes que nous cultivons dans les îles de l'Océan Indien sont généralement très belles et bien portantes.

Il y a quelques années, on remarqua que les trois espèces, dites *Belloquet*, *Blanche* et *Bambou*, étaient atteintes du Borer. La maladie avait pris un caractère alarmant. La chambre d'agriculture s'en émut et fit venir, de Java et d'autres pays producteurs de sucre, des espèces nouvelles, destinées à renouveler notre culture locale.

A l'heure actuelle tous les planteurs se félicitent de la mesure prise, et j'apprends que depuis cinq ans, dans la propriété que j'ai laissée, à l'île, aux mains d'un habile administrateur, les meilleures cannes sont celles dites *Socrate*, *Bords-rouges* et *Lavignac*, toutes d'une superbe venue et donnant des souches magnifiques et un rendement fort beau.

La récolte étant une affaire de date, d'époque attentivement choisie par le planteur, je serai bref sur ce sujet.

On ne saurait croire combien dans notre genre d'agriculture il est important de ne pas se tromper sur le moment favorable à la coupe des cannes.

L'heure de la maturité doit être bien et dûment constatée. Cette maturité est aisée à reconnaître aux feuilles jaunissantes et aux jus poisseux et serré qui doit sortir du roseau quand on en presse le bout.

Ce dernier phénomène indique que le vesou est riche en matières saccharines.

Alors il est urgent de commencer la coupe. On livre le roseau à la serpe du travailleur en lui recommandant toutefois de couper les cannes bien à fleur du sol, évitant de ne pas laisser de bouts dans les fossés, sans quoi, en fumant les repousses, on serait obligé de les trop botter.

Les premières cannes qu'il convient de manipuler, sont les cannes dites « *sautées* », c'est-à-dire les cannes que l'année précédente à laissées trop courtes.

Les mois qu'il faut choisir de préférence pour couper les cannes, sur une propriété à terre franche, sont les mois d'octobre, de novembre et de décembre.

A cette époque de l'année, la canne est en pleine maturité, et les repousses, qui auront treize mois à végéter, sont, l'année suivante, d'une belle venue et aussi longues que des cannes vierges.

Les cannes ainsi coupées à temps et dans les conditions que je recommande, c'est alors que commence le rôle de la fabrication dont nous n'avons pas à nous occuper ici.

Les magnifiques résultats obtenus aux dernières expositions de 1867 et de 1878 à Paris, où nos sucres ont été si magnifiquement cotés, prouvent suffisamment la supériorité de notre fabrication.

Ici, je dois à la vérité d'avouer que nous devons ces avantages et ce grand prix qui fut accordé aux exposants de Maurice à l'Exposition universelle de 1878, que nous devons, dis-je, tout cela aux perfectionnements des machines qui nous viennent d'Europe.

Aujourd'hui, grâce à nos filtres à clarifier le vesou, à nos turbines, etc., l'industrie sucrière de l'Océan Indien est la première du monde. A elles deux, Maurice et la Réunion, les *îles sœurs*, suffisent à alimenter tous les marchés de l'Inde et de l'Australie qui se disputent leurs produits. Et le jour n'est pas éloigné où ces deux grands continents, augmentant leurs transactions commerciales avec ces deux colonies si chères à l'Angleterre et à la France, absorberont toutes leurs productions et s'en attribueront en quelque sorte le monopole.

VI

LES CYCLONES

VI

LES CYCLONES

Si les récoltes sont la source principale de la fortune publique dans les îles de l'Océan Indien, celles-ci ont un ennemi formidable dans les variations de l'atmosphère. Et cet ennemi peut causer en quelques heures la ruine du pays.

On devine que c'est des cyclones qu'il s'agit.

Il faudrait être Michelet pour peindre de nouveau avec tous les accents de poésie farouche qui lui conviennent cette danse macabre de la tempête. Et ceux qui ont lu le beau poème en prose que le sublime visionnaire écrivit sur la vie de la mer et de ses habitants, ne sauraient avoir perdu le souvenir du grand tableau que le maître a tracé en suivant de sa plume de magicien le dessin des cyclones dans les cieux tourmentés : « Il s'avance pourtant, le cyclone, et parfois franchement s'illuminant, dans sa vaste épaisseur, de toutes ses lueurs électriques. »

De tous les maux qui peuvent menacer les hommes, le plus terrible est celui de cette tempête dont le souffle est engloutissant et contre lequel la fixité du sol elle-même ne saurait être un abri.

Tel est le sort des îles qui peuplent l'Océan Indien, et Maurice, comme un bateau, est battue par le vent, désemparée de ses arbres, et ses maisons sont rasées comme si elles étaient sur le pont d'un navire.

Les cyclones font partie de l'histoire de nos colonies de l'archipel des Mascareignes. Les cyclones sont les plaies de cette moderne Egypte. Et les dates de 1784, 1818, 1819, 1824, sont là, vivantes de la vie de la tradition.

C'est que Maurice est sur la route que ces ouragans se sont tracée dans notre hémisphère. Maurice est en quelque sorte le relai de ce farouche voyageur qui a nom cyclone.

Pourtant, s'il est des cyclones qui ont répandu la ruine

sur leur passage, comme ceux dont nous avons rappelé les dates, hâtons-nous de dire qu'il est des degrés entre ces ouragans, et que quelques-uns d'entre eux peuvent être sinon combattus, au moins conjurés.

Bien plus, les petits sont favorables. Autant les grands cyclones sont dangereux, autant les petits, ceux qui n'atteignent pas notre méridien, sont favorables par les pluies qu'ils nous envoient pour arroser nos champs de cannes.

D'autre part, le planteur expérimenté peut, à l'aide d'une culture habile, se tenir en garde contre ces tempêtes et en conjurer les assauts.

Tant que la plante n'est pas encore tournée en roseau, elle peut résister au déchaînement des vents, et comme son frère, dont parle la fable, plier et ne pas rompre.

Pour cela, que faut-il faire ? Il suffit que le cultivateur fasse ses plantations à une époque déterminée, un peu tard dans la saison, vers la fin de février et de mars. De cette façon, dans l'année qui va suivre, les cannes vierges n'étant pas trop longues à l'époque des coups de vent, seront mieux en état de résister. Et s'il se produit quelques dégats, ils sont loin d'être aussi considérables qu'il arriverait si l'on négligeait cette mesure de prudence.

Alors, quand les roseaux auront échappé à la tempête, on peut les voir le lendemain tous couchés sur le sol, formant un immense matelas de verdure.

Quelques-unes des souches ont-elles été déracinées, il faut faire hâte pour les couvrir de terre sans perdre un instant, afin qu'elles puissent profiter des premières pluies et reprendre racine.

Sans quoi on verrait les souches déracinées se dessécher en huit jours et dépérir.

Je n'insisterai pas plus longuement sur cette opération qui est connue de tous. Je rappellerai seulement qu'après le passage du cyclone, toutes les plantations paraissent avoir été brûlées, ce qui a popularisé parmi les colons ce proverbe qui peint si bien la situation : « Après l'ouragan, l'incendie. »

VII

LES ASSOLEMENTS

VII

LES ASSOLEMENTS

Bien que la pratique des assolements soit d'institution récente et ne date réellement que de la fin du siècle dernier, j'estime que ce n'est pas ici le lieu de discuter les nombreuses définitions qui ont été données de cette pratique désormais familière aux agriculteurs.

Encore moins suis-je disposé à reproduire, dans toute l'étendue de leurs détails, les innombrables lois physiologiques, culturales, économiques, qui ont été formulées à ce sujet.

Une chose doit me suffire pour l'heure présente. L'assolement est l'art de faire alterner les cultures sur le même terrain pour en tirer le meilleur parti possible, sans l'affaiblir.

Dans nos colonies de l'Ile Maurice et de la Réunion, les assolements ne sont pas faits sur toutes les propriétés avec les mêmes plantes.

Dans les terrains rocheux on a recours à l'ambrevade, petit arbrisseau fort chargé de feuilles. Celles-ci, en tombant, se pourrissent et améliorent le sol.

Dans d'autres terrains, surtout dans ceux où la pierre est rare, on assole, à l'aide d'un pois noir qui, au bout de quatre ou cinq ans, a complètement recouvert l'espace assolé.

A mon avis, ce mode d'assolement est le meilleur de tous. Comme il demande fort peu de culture, il arrive à une économie de main-d'œuvre avec laquelle nous sommes obligés de compter dans nos colonies où le concours de l'homme revient si cher.

Il serait désirable que toutes les propriétés sucrières fussent à même de disposer d'une étendue de terre assez grande pour en laisser par année au moins un quart à l'assolement.

La canne, au moment où elle arrive à son développement, fait rayonner un si grand nombre de racines latérales, qu'il ne se passe pas longtemps avant que le sol soit complétement épuisé.

Notre roseau diffère en ceci des autres végétaux, qui produisent des racines verticales. Celles-ci sont pour la terre un élément d'amélioration.

Aussi les propriétaires qui ne disposent que d'un petit nombre d'hectares cultivables savent-ils remédier au mal en employant beaucoup de fumier d'étable.

De cette façon ils parviennent à produire annuellement à peu près la même quantité de sucre.

Les premiers colons qui ont commencé à cultiver à Maurice et à la Réunion n'avaient pas à s'occuper de cette question, aujourd'hui capitale.

Les *îles sœurs* étaient alors couvertes de forêts qu'il était nécessaire d'abattre pour mettre à découvert un champ naturellement fertile, d'où ils tiraient des produits magnifiques.

Dans les circonstances actuelles, où notre sol est un peu épuisé par une fertilisation constante, j'affirme que l'agriculteur ignorerait les premiers principes de son métier, ne consentirait pas à assoler chaque année une portion de ses propriétés.

Au contraire, le cultivateur se conforme-t-il régulièrement à cette pratique, il est certain d'avoir toujours à cultiver des terres refaites et rajeunies, condition indispensable au renouvellement des plantations.

La pratique est d'autant plus nécessaire que le guano employé dans nos colonies appauvrit considérablement notre sol, et, dans l'espace de deux ou trois années, a vite fait d'en épuiser toutes les substances fertilisantes.

VIII

LE REBOISEMENT

VIII

LE REBOISEMENT

Le climat des îles sœurs Maurice et la Réunion a depuis quelques années subi des modifications fâcheuses qui ont leur origine dans l'acharnement que certains planteurs ont mis à détruire nos magnifiques forêts et à transformer nos merveilleux côteaux chevelus en côtes arides et chauves.

Ce déboisement continu a amené des sécheresses périodiques qui n'ont que trop souvent réduit la production de ces colonies.

Quel a été le mobile de cette conduite? En face des éternelles exigences de la fortune à faire, tout m'invite à ne pas approfondir des déterminations dont les résultats ne sauraient profiter à nos contrées.

Maurice est déjà une île où le climat est moins sain. C'est là une des conséquences du déboisement qui en dit assez sur la question.

Pour découvrir des terres vierges on abattait en masse tous les arbres environnants, sans même respecter les montages.

Il est vrai que les premières plantations faites sur ce sol encore intact de toute culture ordonnée donnait des récoltes superbes.

Et au premier abord les cultivateurs pouvaient se croire fortement récompensés de leur audace.

Mais voici venir des jours moins heureux, et on allait payer chèrement ces débuts florissants.

Le principe du déboisement poussé à l'excès ne tarda pas à avoir ses dangers.

Etendu à l'île entière il ne se trouva plus dans la contrée assez de feuilles pour purifier l'atmosphère. Les fièvres paludéennes que nous devons à l'immigration indienne en prirent à leur aise, se développèrent à leur gré, devinrent endémiques. Les eaux des rivières et des ruisseaux n'étant plus clarifiées comme il arrive dans les terrains chargés de bois, devinrent à peine potables dans la saison d'été, en même temps qu'elles devenaient plus rares.

L'existence des forêts étant intimement liée à la prospérité de l'agriculture et ayant une importance considérable au point de vue climatologique, la chambre d'agriculture ne tarda pas à s'alarmer d'un tel état de choses.

Elle sollicita du gouverneur colonial une loi de la métropole qui permettait de voter des fonds qu'on emploierait au reboisement des montagnes et des abords des rivières.

A l'heure où j'écris, je sais que l'œuvre de reboisement est commencée. Il faut savoir gré des efforts faits et encourager ceux qui s'y emploient à persévérer.

Quel que soit le pays où l'on recourre à cette pratique du reboisement, les avantages du système s'imposent avec la même autorité et les mêmes bénéfices. En ce moment la question est sérieusement mise à l'étude pour la colonie française d'Algérie, où le déboisement n'a pas été pratiqué avec moins d'imprudence que dans notre pays mauricien.

L'initiative du reboisement de l'Algérie sera une bonne action, et combien de colons alors devront de reconnaissance à l'honorable M. de Mahy, colon de la Réunion, aujourd'hui ministre de l'agriculture.

A mon point de vue d'agriculteur d'un pays chaud où nous avons eu tant à souffrir de la dévastation faite dans nos forêts par la faux de planteurs impatients de richesses, je ne crains pas d'affirmer que, pour l'Algérie comme pour tous les pays coloniaux qui en sont réduits au même point de misère forestière, l'application des lois de reboisement est une question vitale.

Il était impossible que dans les circonstances actuelles elle échappât à la sagacité d'un ministre qui, né sous nos cieux des tropiques, est plus à même que quiconque de juger dans une question d'intérêt colonial.

IX

DE L'IMMIGRATION INDIENNE

IX

DE L'IMMIGRATION INDIENNE

Il ne s'agit pas de faire ici un panégyrique démesuré de l'Angleterre, mais il importe de reconnaître qu'en ouvrant les portes de l'Inde à l'immigration, elle a sauvé du même coup toutes les colonies où la culture de la canne à sucre est l'élément dominant de l'industrie locale.

Après 1830, époque où les nègres furent émancipés, les terres étaient totalement abandonnées à l'Ile Maurice, faute de bras pour les cultiver. Devenus citoyens anglais, les noirs se crurent désormais d'une condition trop supérieure pour consentir à travailler. Ils refusèrent en masse leur concours à la culture des champs, quittèrent les grandes propriétés pour s'installer dans l'oisiveté ou se livrer à toutes sortes de petites industries.

Cette dernière résolution ne devait pas apparemment les mener à une fortune rapide, car trois ans de cette vie indépendante s'étaient à peine écoulés que les nègres comprirent leur faute. Ils se prirent alors à regretter leurs anciens maîtres et, persuadés qu'ils avaient tout intérêt à se servir de leur affranchissement pour devenir des travailleurs heureux, ils résolurent de reprendre leur ancien service, non plus cette fois en tant qu'esclaves, mais à titre d'employés.

Mais, quand ils se présentèrent pour demander du travail chez leurs anciens maîtres, ils s'aperçurent qu'il était trop tard. Les grands propriétaires ne pouvant plus trouver des bras pour faire valoir leurs terres, entrèrent dans de mauvaises affaires. L'expropriation judiciaire vint achever de les ruiner, et l'industrie mère de l'Ile Maurice, se trouvant ainsi réduite et anéantie, la colonie toute entière devint, pour les dix ou quinze années suivantes, le plus pauvre pays du monde.

C'est alors qu'on résolut de demander à l'Inde des travailleurs sur lesquels on pourrait compter.

De Calcutta, de Madras et de Bombay arrivèrent une foule de laboureurs indiens, qu'on nomme depuis les *coolies*, d'un mot indoustan qui veut dire laboureur. Sobres, dociles, laborieux, ces laboureurs furent très bien accueillis et remplacèrent très avantageusement les nègres, qui travaillaient à peine avant leur émancipation et ne travaillaient plus du tout depuis.

Cette introduction de l'élément indien sauva notre colonie d'une ruine certaine. Le travail reprit son cours sur les propriétés, et il suffit de quelques années de cette assiduité pour rendre à Maurice son ancien centre et l'accroître même en augmentant la production sucrière et en relevant aussi haut que possible la valeur foncière des propriétés.

Au début de l'immigration, le gouvernement colonial rencontra de très grandes difficultés auprès du gouvernement de l'Inde. Nos planteurs eurent à lutter contre les excès de la philantropie anglaise. Comme il s'agissait de ses sujets d'outre-mer, c'est-à-dire d'un bien public, très cher et sur lequel elle a eu raison de fonder les meilleures espérances, l'Angleterre se montra très sévère et opposa la rigidité de ses principes aux demandes d'envoi qu'on lui faisait. Le gouvernement anglais de l'Inde entrava de mille difficultés le départ des premiers travailleurs. Et, à cette époque, ce ne fut pas trop de toute la persistance des colons et de toute leur énergie pour faire comprendre au gouvernement de l'Inde et à la métropole, que si on faisait ainsi venir des laboureurs pour le service des colonies à sucre, colonies anglaises elles aussi, c'était pour le plus grand bien de ces colonies.

D'ailleurs aucune crainte à l'endroit des colons n'était fondée; car, n'eût été que la question d'intérêt, tout sentiment humanitaire mis à part, les grands propriétaires avaient tout avantage à entourer de tous les soins les laboureurs arrivés de l'Inde.

Depuis, des commissaires anglais ont été envoyés à Maurice pour surveiller les colonies et protéger les sujets anglais de l'Inde. Les rapports qui furent alors envoyés au ministère des colonies prouvent que les Indiens étaient tous universellement bien traités sur les propriétés où ils acceptaient un engagement.

En 1874, sir Naz, mon ami, envoya au *Times* plusieurs lettres sur ce sujet qui éclairèrent définitivement l'opinion. L'auteur de cette correspondance n'eut aucune peine à prouver à la société philantropique de Londres qu'elle avait été mal renseignée en croyant qu'à Maurice il y avait des Indiens maltraités.

La Réunion, qui est notre voisine, mais est restée colonie française, n'obtint que plus tard du gouvernement anglais le droit d'user des avantages de l'immigration indienne. Depuis cette époque on est unanime à reconnaître que sa production sucrière a augmenté.

Chose digne de remarque, un grand nombre d'Indiens ont-ils accompli chez nous leur temps de service, il vont reprendre un nouvel engagement chez nos voisins et se remettent au travail. Ceci s'explique aisément par le caractère nomade de ce fils de l'Inde et son goût pour tout ce qui est changement ou modification dans ses emplois ou son habitation.

De son séjour parmi nous l'Indien tire les plus grands bienfaits.

A son arrivée il est généralement un homme peu civilisé, ne connaissant rien de la vie usuelle. Il débarque dans un état de grande malpropreté.

Dès son arrivée au dépôt, le protecteur des immigrants commence par lui donner des vêtements, puis il le conduit chez le propriétaire avec lequel il l'a engagé.

Quand on voit arriver ces « bandes, » comme nous les appelons, il est impossible de se défendre d'un sentiment de pitié. La plupart de ces infortunés sont dans un état d'anémie profonde, réduits au dernier point par la misère et incapables de prendre du travail avant quinze ou vingt jours.

Il faut les revoir six mois après leur arrivée sur la

propriété pour juger de la différence. On a peine à croire que ces hommes bien propres, bien soignés, ayant bonne mine, soient ceux qui, quelques mois auparavant, se traînaient difficilement et sans forces.

C'est que les propriétaires ne leur refusent rien de ce qui est nécessaire à leur santé. Le changement n'est pas moins sensible au moral qu'au physique. Avec les forces, le goût du travail s'empare d'eux, et ils arrangent leur demeure, élèvent des vaches, des porcs, des poules qu'ils revendent aux petits habitants des environs, alors leur grande préoccupation est d'amasser un peu d'argent, afin de pouvoir, à l'expiration de leur engagement, acheter quelques arpents de terre et travailler pour leur propre compte ou retourner dans l'Inde.

C'est ainsi que, dégrossis par le contact des Européens qui les emploient, ils deviennent en deux ou trois années des hommes acquis à la civilisation.

Voilà ce qu'il importait de proclamer tout haut, autant pour faire l'éloge des colons que pour rappeler à la métropole le danger qu'il y aurait, pour elle et pour la prospérité des colonies, à fermer nos ports à l'immigration.

TABLE

Paris. — Typ. Vve Ed. VERT, 29, rue N.-D. de Nazareth. — Ed. Jutrau, représentant

www.ingramcontent.com/pod-product-compliance
Ingram Content Group UK Ltd.
Pitfield, Milton Keynes, MK11 3LW, UK
UKHW021600260726
13993UKWH00002B/954